NOTICE

SUR LES

TRAVAUX SCIENTIFIQUES

de M. LÉON DE ROSNY

NOTICE

SUR LES

TRAVAUX SCIENTIFIQUES

DE

M. LÉON DE ROSNY,

PROFESSEUR A L'ÉCOLE SPÉCIALE DES LANGUES ORIENTALES.

———

PARIS

Septembre 1878.

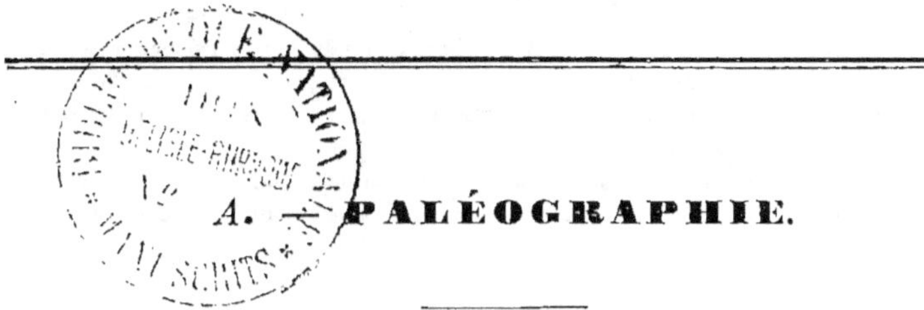

A. — PALÉOGRAPHIE.

ARCHIVES PALÉOGRAPHIQUES DE L'ORIENT ET DE L'AMÉRIQUE

Publiées avec des notices historiques et philologiques. Recueil destiné à réunir la collection des alphabets de toutes les langues connues, des inscriptions, des médailles, etc., avec des fac-similés de manuscrits orientaux et américains, imprimés en noir et en couleurs.

Texte et Atlas. *Paris* (Maisonneuve et Cie), 1872. — Chaque volume   15 »

Voici le sommaire des livraisons publiées jusqu'à présent :

L'Alphabet linguistique (Étude phonologique).
Notice historique sur l'écriture Thaï ou Siamoise.
De l'écriture Ouigoure, traduit de l'allemand.
Sur quelques particularités des inscriptions cunéiformes Anariennes.
De l'écriture Sanscrite ou Dévânagari.
Sur l'écriture Talaing, traduit de l'anglais.
De quelques inscriptions découvertes en Sibérie, traduit du latin.
Notice sur les écritures Océaniennes. — Classification. — Écritures d'origine incertaine.
  — Alphabet Makassar. — Écritures Boughi et Batta. — Alphabets d'origine Indienne.
  Écriture Javanaise : origine, alphabet.

Dans les prochaines livraisons, on trouvera un. Mémoire étendu sur la paléographie chinoise, avec un commentaire sur plusieurs inscriptions de l'antique dynastie des Tcheou ; la reproduction in-extenso de plusieurs manuscrits mexicains, et un mémoire sur l'écriture figurative des Aztèques, portant au double le nombre des signes qui nous ont été expliqués par M. Aubin et par quelques autres américanistes ; un essai de déchiffrement de plusieurs formules en écriture hiératique du Yucatan, un aperçu de l'écriture hiéroglyphique de l'Amérique Centrale, etc.

«The author, M. Léon de Rosny, professor of Japanese at the Paris Ecole des langues orientales, has long since established his reputation as one of the best Oriental scholars of the day. We have.... besides a number of texts translated and commented upon, which make of the book we have just been reviewing an admirable guide to those who wish to study the science so thoroughly discussed by M. de Rosny.»

(*School Board chronicle*, 18 novembre 1871.)

———

ESSAI SUR LE DÉCHIFFREMENT
DE L'ÉCRITURE HIÉRATIQUE
DE L'AMÉRIQUE CENTRALE

Paris (Maisonneuve et Cie éditeurs), 1876. — In-folio, planches imprimées en noir et en couleurs.

100 »

« M. Léon de Rosny a repris à nouveau l'étude de ces textes ; il l'a fait avec autant de sagacité que de prudence. Son Mémoire inspire la plus grande confiance ».

(**Adr. de LONGPÉRIER**, présentation de l'ouvrage à l'Institut, *Journal Officiel*, du 3 janvier 1877.)

« Si la prudence et l'esprit de critique que M. de R. a

marqué jusqu'à présent ne se démentent pas avant la fin du Mémoire, on peut compter que le problème des écritures mayas n'est pas loin de recevoir un commencement de solution satisfaisante ».

(**MASPERO**, *Revue Critique*, du 23 mars 1878.)

—

Mémoire sur la Numération dans la langue et dans l'écriture sacrée des anciens Mayas. *Nancy* (Congrès international des Américanistes), décembre 1875. In-8.   2   »

L'interprétation des anciens textes Mayas, suivi d'un Aperçu de la Grammaire Maya, d'un choix de textes originaux avec traduction, et d'un Vocabulaire. *Paris*, (publié par la Société Américaine de France), 1875. In-8.   7   »

Observations sur les Ecritures sacrées de la presqu'île transgangétique. *Paris*, 1852. In-8, pl.   3   50

Notice sur l'Ecriture chinoise et les principales phases de son histoire, comprenant une suite de spécimens de caractères chinois de diverses époques, de fragments de textes et d'inscriptions, de fac-similés, de tables, etc. *Paris* (Benj. Duprat, éditeur), 1854. In-8, pl. lith.   4   «

Les Écritures figuratives et hiéroglyphiques des différents peuples anciens et modernes. *Paris* (Maisonneuve et Cie éditeurs), 1860. In-4, avec 10 planches en noir et en couleurs.   15   »

B. — **ETHNOGRAPHIE.**

HISTOIRE DE LA RACE JAUNE.

Six volumes in-8, avec Atlas. (Le premier volume sera mis sous presse au commencement de l'an-née prochaine.)

Tome Ier. — Les peuples de Race Jaune, d'après les documents orientaux.

Tome II. — Système comparé des Langues de Race Jaune.

Tome III. — Histoire de la Langue Chinoise.

Tome IV. — Anthropologie, Archéologie pré-historique et historique de la Race Jaune.

Tome V. — Les Institutions sociales et religieuses de la Race Jaune.

Tome VI. — Ethnographie de la Race Jaune. — Conclusion.

De la méthode Ethnographique, pour servir d'introduction à l'étude de la Race Jaune. — Leçon faite au Collège de France, le 12 juin 1870. — Rédaction sténographique de M. Vignon. *Paris* (Amyot éditeur), 1872. In-8.   2 »

Rapport annuel à la Société d'Ethnographie sur ses travaux et sur les progrès des Sciences Ethnographiques. *Paris,* 1863-66. — In-8. Chaque Rapport.   2 »

La civilisation Japonaise. *Paris,* 1861. In-8.   3 »
Publié par la Société de Géographie.

Les peuples Orientaux connus des anciens Chinois. — Étude de philologie Ethnographique. *Paris,* 1878. — In-8, cartes.   4 »
Publié par la Société d'Ethnographie.

INTRODUCTION A L'ÉTUDE DE LA LANGUE JAPONAISE

Paris (Maisonneuve et Cie), 1856 ; un vol. in-4, avec planches.   6 »

A l'époque où parut cet ouvrage, la langue japonaise était complétement inconnue des orientalistes européens, à la seule exception de J. Hoffmann, de Leide, et de M. Aug. Pfizmaier, de Vienne. — Pour la première fois, dans ce travail, l'auteur cherchait à enseigner les éléments de l'idiome littéraire de l'extrême Orient, en s'appuyant sur la connaissance de l'écriture si compliquée usitée au Japon.

« Dans cette grammaire, l'auteur traite briévement, mais avec beaucoup de clarté, des formes grammaticales du japonais, et s'étend avec soin sur un système d'écriture qui, par sa nature syllabique, par l'emploi de formes cursives et l'étrange mélange de chinois qu'il admet, est une des plus compliquées qui existent, et forme à l'entrée de cette étude, un obstacle qui, au premier moment, *parait insurmontable.* M. de Rosny nous fait connaître tous les systèmes d'écritures usités au Japon, les analyse et en montre l'application et la lecture par des planches extrêmement bien exécutées. *C'est le premier et jusqu'ici le seul travail de ce genre qui ait paru,* et il doit faciliter puissamment l'intelligence de la langue japonaise. »

(Jules MOHL, dans le Journal Asiatique).

Voyez également, le compte-rendu de cet ouvrage, par M. **Alfred MAURY**, dans le *Bulletin de la Société de Géographie.*

« C'est avec une satisfaction très-vive que nous avons vu paraître l'Introduction à l'étude de la langue Japonaise de M. Léon de Rosny. Après avoir examiné le livre, nous devons témoigner à l'auteur notre approbation sympathique pour ses travaux ».

HOFFMANN, professeur de Japonais, à Leide (Introduction de la *Grammaire Japonaise* du Docteur Curtius, trad. franç. de M. Pagès).

M. de R. a entrepris sur le Japonais un travail analogue à celui que M. Conon de la Gabelentz a exécuté sur le mandchou. C'est avec le puissant secours du chinois qu'il a étudié la langue japonaise. Mais il n'en est pas de cette langue comme du mandchou, et nous devons convenir que l'*Introduction à l'étude de la langue japonaise* exigeait un travail préparatoire extrêmement pénible.

BAZIN, dans le *Journal Asiatique* de juin 1857.

A l'occasion de l'envoi de cet ouvrage, M. de R. a reçu de l'éminent philologue d'Altembourg la lettre suivante :

« Dès votre début comme Orientaliste, Monsieur, j'ai suivi vos travaux avec un intérêt qui n'était égalé que par l'admiration de cette assiduité infatigable unie à cette rare sagacité et ce génie linguistique qui vous caractérisent. Digne disciple de M. Stanislas Julien, vous allez nous rapprocher la langue et la littérature du « Pays du Lever du Soleil », autant que l'illustre défunt nous a rapproché de celles de l'Empire du Milieu ».

H. CONON DE LA GABELENTZ.

DICTIONNAIRE DES SIGNES IDÉOGRAPHIQUES DE LA CHINE

avec les prononciations usitées au Japon, accompagné de la liste des signes idéographiques particuliers aux Japonais, d'une table des caractères cycliques et numériques, d'un index géographique et historique, d'un glossaire japonais des noms propres de personnes, etc. *Paris*, publié par l'Athénée Oriental, 1867. — In-8.   20 »

A GRAMMAR OF THE CHINESE LANGUAGE
London (Trübner and Co), 1874. In-8.   3 »

De l'origine du Langage. *Paris*, 1869. In-8. 3 »

Publié par la Société d'Ethnographie.

Quelques observations sur la Langue Siamoise et sur son écriture. *Paris* (Imprimerie Impériale), 1865. In-8 2 »

Extrait du *Journal Asiatique.*

Notice sur la Langue annamique. *Paris* (Rouvier éditeur), 1855. In-8, pl. lith. 2 »

Table des principales phonétiques Chinoises, disposée suivant une méthode nouvelle permettant de trouver immédiatement le son des caractères, quelles que soient les variations de prononciation, et adaptée spécialement au « kouan-hoa » ou dialecte mandarinique; précédée de notions élémentaires sur les signes phonétiques de la Chine. (Deuxième édition.) *Paris* (Maisonneuve et Cie éditeurs), 1858. In-8. 3 »

Aperçu de la langue Coréenne. *Paris,* Imprimerie Impériale, 1864. In-8. 3 »

Extrait du *Journal Asiatique.* — C'est le premier essai qui ait été publié sur la langue Coréenne, cette dernière *lingua incognita* de l'extrême Orient.

Vocabulaire Chinois-Coréen-Aïno, expliqué en français, et précédé d'une Introduction sur les écritures de la Chine, de la Corée et de Yézo. *Paris,* 1861. In-8. 3 »

Eléments de la Grammaire Japonaise (Langue vulgaire). Publié par décision du Ministre de l'Instruction publique. *Paris* (Maisonneuve et Cie éditeurs), 1873. In-8. 5 »

Des affinités du Japonais avec certaines langues du continent Asiatique. *Paris,* 1861. In-8. 2 »

Extrait des *Actes de la Société d'Ethnographie.* — C'est le premier essai de l'auteur pour établir la parenté du Japonais avec les idiomes mongoliques et turcs de l'Asie Centrale.

Rapport sur le Dictionnaire Japonais-Russe de M. Gochkiewitch. *Saint-Pétersbourg,* 1861. In-8. 1 »

Extrait du *Bulletin de l'Académie des Sciences* de Russie.

Rapport à S. Exc. le Ministre d'Etat sur la composition d'un Dictionnaire japonais-français-anglais. *Paris,* 1862. In-8. » »

L'impression de ce Dictionnaire avait été commencée, et la première livraison publiée. Les frais considérables qu'aurait entraîné la publication de cet ouvrage, n'ont pas permis à l'éditeur de faire paraître la suite.

En préparation :

HISTOIRE DE LA LANGUE CHINOISE
Un vol. in-8.   . » »

Un prix de 1,200 francs et une mention honorable ont été accordés par l'Institut de France à deux fragments de ce livre.

On trouve, dans cet ouvrage, un essai de reconstitution de la langue orale de la Chine antique. Le même travail a été entrepris simultanément en France par M. de Rosny, et en Chine par le Rév. J. Edkins.

La méthode employée par M. de R. a été soumise au jugement des premiers sinologues de l'Angleterre et de la Russie, à la 2e et à la 3e session du Congrès international des Orientalistes. (Voy. les *Transactions of the second Session of the International Congress of Orientalists,* London, 1876, p. 120 et sv.; *Bulletin du Congrès international des Orientalistes,* session de 1876, à Saint-Pétersbourg, p. 76 et sv.; cf. M. Pott, dans les *Gelehrte Anzeigen,* de Gœttingue, du 14 mars 1877.

D. — ÉTUDES JAPONAISES. — TRADUCTIONS.

TRAITÉ DE L'ÉDUCATION DES VERS A SOIE AU JAPON

traduit pour la première fois du japonais. *Troisième édition,* revue, corrigée et accompagnée de planches nouvelles et d'échantillons de soieries japonaises. *Paris* (Imprimerie Nationale, 1871 ; un vol. in-8.   **25**   »

Cet ouvrage, publié par ordre du Ministre de l'Agriculture et du Commerce, a été traduit en italien par M. Félice Franceschini, et publié à Milan, chez l'éditeur Brigola. Une édition abrégée a été publiée à Nancy, et une 4ᵉ édition à Paris.

« Parmi les ouvrages les plus remarquables, publiés récemment dans le domaine des études orientales, il faut compter un nouveau livre de M. Léon de Rosny, aussi infatigable travailleur que fécond écrivain. Ce livre intitulé : *Traité de l'éducation des Vers à soie au Japon* mérite une mention d'autant plus particulière, qu'en même temps qu'il se distingue par les qualités de fond dont nous allons parler, etc. »

(Le marquis d'**HERVEY DE SAINT-DENYS**, de l'Institut, dans la *Revue Orientale*, avril 1869.)

« Ecco come l'*Agricoltore* annuncia questa interessante pubblicazione : ci è pervenuto un prezioso libro, tradotto dal Sig. Felice Franceschini. Bachicoltori, comprate questo libro, e siate grati al bene che il Sig. Fr. ha arrecato col tradurlo, al nostro paese. »

Sul medesimo argomento l'*Industria Serica* scrive :

« . . . . un libro di tale pratica utilita, e percio lo raccomandiamo ai nostri lattori. »

(*Rivista di Bachicoltura*, 21 novembre 1870.)

« The details which M. de Rosny gives in his introductory essay are very valuable, and they are followed by some interesting remarks on Japanese Literature. »

(*Saturday Review*, du 7 mai 1870.)

« È un bel volume, di grande interesse, ben scritto,..... Lo raccomandiamo sinceramente ai bachicultori. »

(*Giornale delle Arti et delle Industrie*, de Florence, 24 décembre 1870.)

« Il De Rosny ha reso il libro adatto all' Europa, non solo col tradurlo in francese, ma più ancora coll' illustrarlo di note ricche di curiosità, ed infine col completarlo di una introduzione storica molto buona e preziosa. »

(*Giornale d'Agricoltura del Regno*).

« Le livre dont nous venons de nous occuper, est traduit de main de maître, et ce n'est certes par chose facile, surtout quand on veut conserver tous les caractères du texte se rapportant à une matière spéciale, et que l'on tient à être clair. M. Léon de Rosny a parfaitement réussi. Il faut espérer que le savant professeur ne s'arrètera pas en si beau chemin, et que le succès obtenu par la traduction du livre de M. Sirakawa l'engagera à traduire d'autres ouvrages japonais fort importants, et surtout les 11 volumes de l'Encyclopédie agricole de Miyasaki Antei. Aussi les ministres de l'Instruction publique et de l'Agriculture agiraient sagement et utilement en encourageant M. de Rosny dans l'œuvre qu'il a commencée avec tant de succès. »

(**A. de LAVALLETTE**, dans la *Revue d'Economie rurale*, du 2 novembre 1871.)

—

ANTHOLOGIE JAPONAISE

Poésies anciennes et modernes des insulaires du Nippon, traduites en français, et publiées avec le texte original. Avec une préface, par ED. LABOULAYE, de l'Institut. *Paris* (Maisonneuve et Cie), 1871 ; un vol. in-8, planches chrom. » »

« Dans une préface très-agréable à lire, comme tout ce qu'il écrit, M. Ed. Laboulaye fait ressortir la difficulté qu'éprouve un savant de l'Occident à se familiariser avec les littératures orientales, et montre clairement qu'un peuple est moins séparé de nous par la distance des lieux

que par la diversité de son génie. Nous sommes complète-
ment de son avis, et nous félicitons M. de Rosny d'avoir un
introducteur qui a su si bien apprécier en même temps la
valeur de l'ouvrage original et l'habileté du traducteur. »

Ph.-Ed. FOUCAUX, du Collège de France, dans *la
France,* du 11 avril 1872.)

Académie des Inscriptions, présidence de M. MILLER —
M. **Stanislas JULIEN,** avec une autorité exceptionnelle, a
fait d'un seul mot le plus grand éloge de ce travail, en
disant qu'il plaçait M. de Rosny à la tête de tous les japo-
nistes européens. Il a parlé des immenses difficultés, la
plupart heureusement vaincues, qui attendaient l'auteur,
non-seulement dans l'interprétation des textes, mais encore
dans la transcription de ces textes en caractères usuels,
comme il l'a fait. »

(Journal Officiel, 11 février 1872.)

Quelque temps auparavant, M. **Stanislas JULIEN** avait
écrit à M. de Rosny, pour le remercier de l'envoi de son
Anthologie :

« *Je vous dois des remerciements infinis pour le savant
ouvrage que vous avez eu la bonté de m'offrir. Par ce beau
travail, qui présentait d'immenses difficultés, vous avez
laissé bien loin *** et *** ; vous vous êtes placé, sans conteste,
à la tête de tous les japonologues de l'Europe, et vous vous
êtes rendu nécessaire à l'Académie des Inscriptions où la
langue que vous enseignez à l'Ecole n'est point repré-
sentée.*

« *Recevez, je vous prie, cher Monsieur, l'assurance de
ma haute estime et de mon amitié ».*

Stanislas JULIEN.

« L'Antologia giapponese del professor de Rosny è un
elegantissimo volume che contiene molto più che non pro-
metta il suo frontispizio. Non è una semplice raccolta di
poemetti, ma un vero trattato di poesia giapponese ; ricco
di tanta erudizione, che di più non si potrebbe desiderarne.
Notizie preziose sulle origini, la storia e la natura della
poesia nipponica, sulle regole della versificazione, sulla
vita dei poeti più celebri, sugli argomenti delle loro can-
zoni, sopra le diverse antologie indigene, le opere poetiche,
le edizioni e i commenti, abbondano in questo libro ; ed
attinte come sono a fonti originali, ne costituiscono il

sommo merito, ne fanno un tesoro di fatti letterari, cui do-
vrà aversi carissimo chiunque già sia ben avanti negli
studi jamatologici ».

> **A. SEVERINI**, professeur de Japonais à l'Institut
> supérieur de Florence, dans l'*Annuario
> della Società Italiana per gli Studi Orien-
> tali*, 1872, pp. 178-179).

Philological Society. **Japanese philology**, by Professon
L. de Rosny. *London*, 1877. In-8.   1 »

Tai-kau ki. **Histoire populaire de Taï-kau Sama**, traduite
pour la première fois du Japonais. *Paris*, 1875. In-8,
pl.   2 »

Tai-hei-ki. **Histoire de la Grande Paix**, traduite pour la première fois du Japonais. *Paris*, 1873. In-8, autogr. 2 »

Ce fragment renferme le livre premier de ce grand ouvrage, considéré à juste titre comme un des chefs-d'œuvres
de la littérature japonaise.

Les Distiques populaires du Nippon. Extrait du *Gi-retu
Hyaku-nin is-syu*, traduit pour la première fois du Japonais. *Paris*, 1878. In-8.   2 »

E. — ÉTUDES CHINOISES. — TRADUCTIONS.

TCHOUG-HOA-KOU-KIN-TSAI.—TEXTES CHINOIS ANCIENS ET MODERNES

traduits pour la première fois dans une langue européenne. *Paris* (Maisonneuve et Cie), planches lithographiées. » »

Doctrine des Tao-sse. — École de Confucius. — Bouddhisme. — Philosophie. — Ethnographie. — Sciences naturelles. — Géographie. — Histoire. — Archéologie. — Numismatique. — Beaux-Arts. — Poésie. — Théâtre. — Romans. — Contes et nouvelles. — Apologues.

LES PEUPLES DE L'ARCHIPEL INDIEN

connus des anciens géographes chinois et japonais. Fragments orientaux, traduits en français. *Paris,* 1872. — In-4, avec carte et pl. 3 »

Notice sur les îles de l'Asie Orientale, extraites d'ouvrages Chinois et Japonais, et traduites pour la première fois sur les textes originaux. *Paris* (Imprimerie Impériale), 1861. In-8. 2 »

Extrait du *Journal Asiatique.*

San-tsaï-tou-hoeï. **Les peuples de l'Indo-Chine** et des pays voisins. Notices ethnographiques traduites du Chinois. *Poissy,* 1874. In-8. 2 »

Extraits du *Ti-sou-tsoung-yao* relatifs aux peuples étrangers à la Chine, traduites pour la première fois du Chinois. *Paris,* 1873. In-8, pl. 2 »

L'Epouse d'outre-tombe. Conte chinois, traduit sur le texte original. *Paris* (J. Gay éditeur). 1864. In-16 elzév. (avec texte chinois). 3 »

Loung-tou-koung-ngan. **Un Mari sous cloche.** Conte chinois, traduit sur le texte original. *Paris,* 1874. In-8. 2 »

Fa-tsien. **Les Billets doux**. Poëme Cantonais du VIII_e des tsai-tsze modernes. Fragments traduits en français. *Paris,* 1876. In-8.   2   »

—

Prochainement sous presse.

HIAO-KING. — LE LIVRE SACRÉ DE LA PIÉTÉ FILIALE

traduit du chinois et accompagné d'un commentaire perpétuel emprunté aux sources originales. — Un vol. in-8.   »   »

F. — **RECUEILS. — VOLUMES DE MÉLANGES.**

ÉTUDES ASIATIQUES
De géographie et d'histoire.

Paris (Challamel aîné éditeur), 1864. — In-8. 6   »

VARIÉTÉS ORIENTALES

Historiques, géographiques, scientifiques, biblio-
graphiques et littéraires. Paris (Maisonneuve
et Cie éditeurs), 1868. — In-8, papier
vergé.   7   »

(2e édition, papier ordinaire, 6 fr. — 3e édition; in-12. 3   5o

TRADUCTIONS EN LANGUES ÉTRANGÈRES
DE DIVERSES PUBLICATIONS
DU MÊME AUTEUR.

Handboekje voor de beginselen van het lezen en schryven der japansche taal, ten gebruik van reizigers en dezulken die zich op de kennis van het Japansch wenschen toeteleggen, naar het fransch van Leon de Rosny. *Amsterdam* (L. van Bakkenes et Cie éditeurs), 1859. In-12.   2 «

Guida della conversazione giapponese, preceduta da una Introduzione sulla pronuncia in uso a Yedo, per Leone de Rosny. Ridotta ad uso degli Italiani da Prof. **Antelmo SEVERINI.** *Firenze*, 1866. In-8.   2 50

Opening Lecture on the Japanese Language, delivered May 5th., 1863, by Professor Leon de Rosny. Translated by the Rev. J. Summers. *London*, 1863. In-8.   « »

A Sketch of the Corean Language and Grammar, translated from the french of M. Leon de Rosny (By J. Summers). *London*, 1865. (Dans le *Chinese and Japanese Repository*.   « o

Trattato sull' educazione dei Bachi da seta al Giappone, di Sira-kava di Sendaï (Osyu), tradotto dal Giapponese in francese da Leone de Rosny. Versione italiana di **Felice FRANCESCHINI.** *Milano* (G. Brigola editore), 1870. In-8, fig.   5 »

Paris. --- Imprimerie de la *Revue Orientale et Américaine*, chez Léon de Rosny, 47, Avenue Duquesne.

www.ingramcontent.com/pod-product-compliance
Lightning Source LLC
Chambersburg PA
CBHW051448060726
47596CB00006B/2675